**Schriftenreihe des
Österreichischen Wasserwirtschaftsverbandes
Heft 9**

Wirtschaftliche Gesichtspunkte für die Großraum-Verbundwirtschaft in der Elektrizitätsversorgung

Von

Dozent Dr.-Ing. Ludwig Musil

Graz

Mit 15 Textabbildungen

Wien
Springer-Verlag
1947

Inhaltsverzeichnis.

	Seite
Bisherige Entwicklung der Verbundwirtschaft und deren Aufgaben	3
Die Kosten der Energieübertragung	9
Die Grundformen des Verbundbetriebes	16
Der Energieaustausch zwischen Gebieten mit Dampfkraftversorgung	19
Die einseitige Energielieferung aus Wasserkraftgebieten in ein Gebiet mit kalorischer Stromversorgung und umgekehrt	21
Der Energieaustausch zwischen Gebieten mit kalorischer und Wasserkraftversorgung	24
Der Energieaustausch zwischen Wasserkraftgebieten	27
Der wirtschaftliche Versorgungsbereich von Wasserkraftwerken	30
Die Beeinflussung der Auslegung von Jahresspeicherwerken	37
Grundsätzliche Folgerungen für die weitere Entwicklung der Verbundwirtschaft	38

ISBN-13: 978-3-211-80041-6   e-ISBN-13: 978-3-7091-5516-5
DOI: 10.1007/978-3-7091-5516-5

Sonderabdruck aus der Zeitschrift des Österreichischen Ingenieur- und Architekten-Vereines, Heft 5/6, 1947

Wirtschaftliche Gesichtspunkte für die Großraum-Verbundwirtschaft in der Elektrizitätsversorgung.*

Bisherige Entwicklung der Verbundwirtschaft und deren Aufgaben.

Wenn wir heute auf die Entwicklung der Elektrizitätsversorgung in den beiden letzten Jahrzehnten zurückblicken, so stellen wir als eines der hervorstechendsten Merkmale im Zuge einer rasch zunehmenden Elektrifizierung eine immer engere Vermaschung der elektrischen Übertragungsanlagen fest. Es entstanden auf dem Spannungsniveau von 100 bis 130 kV Netzsysteme, in denen nicht nur die Kraftwerke mit den Verbrauchsschwerpunkten, sondern auch untereinander verbunden waren, wobei die Absicht zugrunde lag, einerseits die Stetigkeit der Stromlieferung zu sichern und örtliche Störungen in ihren Auswirkungen zu beschränken, anderseits aber auch die zur Verfügung stehenden Kraftwerke im Belastungsdiagramm entsprechend ihrer Wirtschaftlichkeit einzusetzen, um so die Gestehungskosten zu senken.

In dem Maße, in dem man Erd- und Kurzschlüsse und den Energiefluß beherrschen lernte, schritt man dazu, diese Verbundsysteme, die sich hauptsächlich innerhalb der einzelnen Stromliefe-

---

* Vortrag, gehalten im Österreichischen Ingenieur- und Architekten-Verein am 19. Oktober 1946.

rungsunternehmen gebildet hatten, miteinander zu kuppeln. Diese Netzkupplung gestattete nunmehr einen beschränkten Energieaustausch zwischen benachbarten Versorgungsunternehmen, um Überschußleistung aus Wasserkraftwerken verwerten, umgekehrt Mangelleistungen decken, sich aber auch bei Störungen gegenseitig aushelfen und die Gesamtreserve verringern zu können. Es bildeten sich zusammenhängende Hochspannungsnetze über weite Gebiete, die der Lastverteilung unter Zuhilfenahme der hochentwickelten Fernmeß-, Fernsteuer- und Nachrichtentechnik eine ziemliche Bewegungsfreiheit gaben.

Die Intensivierung der Gütererzeugung hatte aber einen rasch wachsenden Energiebedarf nicht nur in Form von Elektrizität, sondern auch von Gas, festen und flüssigen Brennstoffen für industrielle und Transportzwecke zur Folge, der eine immer stärkere Inanspruchnahme der Vorräte an kalorischer Energie bedingte. Hinzu trat die weitgehende chemische Aufschließung der Kohle, für die nur hochwertige Sorten in Frage kommen. Es wurde daher eine viel weiter getriebene Separation notwendig als bisher, so daß erhebliche Mengen an minderwertigen Kohlen anfielen.

Diese zunehmende Inanspruchnahme der Brennstoffvorräte ließ es verständlich erscheinen, daß die Forderung nach ihrer sparsamsten Ausnutzung immer mehr in den Vordergrund rückte. Sie bedeutete für die Elektrizitätsversorgung eine stärkere Heranziehung der sich ständig erneuernden Energiequellen und die Verwertung der minderwertigen und Abfallbrennstoffe, die für andere Zwecke als für die Kesselfeuerung nicht verwendet werden können.

Die Abdrängung der kalorischen Stromerzeugung auf meist ballastreiche Kohlen beeinflußte wegen der wirtschaftlichen Untragbarkeit

ihres Transportes auch die Standortfrage bei
den Dampfkraftwerken in starkem Maße. Wenn
wir die Entwicklung der letzten Jahre verfolgen,
so zeigt sich eine Verlagerung der Wärmestrom-
erzeugung nach den Gewinnungsstätten der Kohle
hin. Aus brennstoffwirtschaftlichen Gründen
wurde ein großer Teil der kalorischen Stromerzeugung standortgebunden, so daß sich für sie in dieser
Hinsicht ähnliche Probleme ergeben wie bei der
Ausnutzung der Wasserkräfte.

Diese immer größeren Umfang annehmende
Heranziehung von minderwertigen Brennstoffen in
grubennahen Kraftwerken einerseits und die Forderung, die anfallende Wasserkraftenergie möglichst restlos auszunutzen anderseits, führte zwangsläufig zu einer räumlichen Ausweitung der
energiewirtschaftlich als Einheit anzusehenden
Netzsysteme, die über den bezirklichen Rahmen
hinausging und zum Teil überregionalen Charakter
annahm. Ihre Ausdehnung ist bedingt sowohl
durch die geographische Verteilung der Energiequellen, zwischen deren Leistungsanfall ein Ausgleich geschaffen werden soll, als auch durch deren
Lage gegenüber den Verbrauchszentren. In Abb. 1
sind die wichtigsten europäischen Wasserkräfte,
Steinkohlen- und Braunkohlenvorkommen angedeutet. Man sieht, daß sich die wesentlichen europäischen Energievorkommen in ziemlich ausgeprägte
Zonen eingliedern lassen:

1. Eine in ostwestlicher Richtung verlaufende
zentrale Wasserkraftzone, von der Waag bis
zum Massif Central und den Pyrenäen, welche
die Alpen und die Wasserkräfte im nördlichen
und südlichen Alpenvorland einschließt.

2. Eine nördlich davon liegende Brennstoffzone, die im oberschlesischen Steinkohlenrevier be-
ginnt und über die nordböhmischen und mitteldeutschen Braunkohlengebiete, das Rheinisch-westfäli-

sche Steinkohlenrevier zu den belgisch-nordfranzösischen Kohlenvorkommen und schließlich über den

Abb. 1. Lage der europäischen Energievorkommen und grundsätzliche Gestaltung eines überregionalen Verbundnetzes

Kanal bis zu den englischen Kohlengebieten verläuft.

3. Im hohen Norden der Bereich der Skandinavischen Wasserkräfte.

4. Im Süden die Apenninen-Wasserkräfte.

Neben diesen so umrissenen Energiezentren sind noch an Wasserkräften die untere Donau, die russischen Ströme, aber auch Vorkommen in den Karpaten zu nennen. Große Kohlenvorkommen befinden sich in Rußland, so u. a. sehr ergiebige Braunkohlen-Lagerstätten südlich von Moskau. Auch die Braunkohlenvorkommen in Krain, die zwar an Mächtigkeit hinter den genannten Gebieten zurückstehen, aber im Zusammenhang mit den Betrachtungen über die mitteleuropäischen Energieprobleme interessieren, müssen hier erwähnt werden.

Mag die Entwicklung in den nächsten Jahrzehnten wie immer verlaufen, so werden doch die Wasserkräfte — energiewirtschaftlich betrachtet — eine Vorrangstellung einnehmen und behalten. Sie sind — abgesehen von der Windkraft — die einzige sich selbst erneuernde Energiequelle. Im Rahmen einer großzügigen Energieplanung wird daher eine möglichst restlose Ausnutzung der Wasserkräfte auch in Zukunft richtunggebend sein.

Die Karte zeigt eine Anhäufung der Energievorkommen in bestimmten Räumen. Vor allem sind die Wasserkraftvorkommen in einzelnen Gebieten konzentriert, die dagegen mit Brennstoffvorkommen gar nicht oder sehr spärlich bedacht sind. Hier einen Ausgleich zu schaffen, wäre die Aufgabe einer von höherer Warte aus gesehenen Energiewirtschaft. Erst mit der Verwirklichung des Gedankens der Kupplung der verschiedenartigen Energiequellen, der möglichst restlosen Erfassung der Wasserkraftleistung und der anfallenden minderwertigen Brennstoffe kann man von einem Verbundbetrieb im höheren energiewirtschaftlichen Sinne sprechen. Er führt zum energiewirtschaftlichen Zusammenschluß großer Räume.

Die angestrebten Ziele einer solchen Verbundwirtschaft können kurz folgendermaßen umrissen werden:

1. Vollständige Ausnutzung der sich laufend erneuernden Energiequellen.

2. Weitgehende Ausnutzung von minderwertigen und Abfallbrennstoffen zwecks Freimachung der hochwertigen Kohlen für andere Zwecke.

3. Möglichkeit des Einsatzes der zusammenarbeitenden Kraftwerke entsprechend ihren Wirtschaftlichkeits-Kennlinien.

4. Erhöhung der Betriebssicherheit und Herabsetzung der Gesamtreservehaltung.

5. Entlastung der Transportmittel.

Wie die in der Karte angedeuteten Leitungen erkennen lassen, sind Ansätze zu einer solchen übergeordneten, größere Gebiete erfassenden Verbundwirtschaft bereits vorhanden. Sie bezwecken im wesentlichen einen Energieaustausch zwischen der zentralen Wasserkraftzone und der in einem Abstand von etwa 400 bis 600 km verlaufenden Brennstoffzone. Zu erwähnen sind die Verbindungsleitungen zwischen den nordfranzösischen Dampfkraftwerken und den Wasserkräften im Massif Central und am Rhein, die beiden Nord—Süd-Verbindungen in Deutschland zwischen dem Rheinisch-Westfälischen Kohlenrevier, bzw. dem mitteldeutschen Braunkohlenrevier einerseits und den süddeutschen und Alpen-Wasserkräften anderseits, und auch die Übertragung zwischen den Südalpen-Wasserkräften und dem oberitalienischen Industriegebiet mit seinen kalorischen Anlagen. Auch eine 220 kV-Verbindung zwischen dem oberschlesischen Kohlengebiet und Nieder-Österreich wurde während des Krieges in Angriff genommen.

Allerdings reichte für diese Aufgaben das Spannungsniveau um 110 kV nicht mehr aus. Man mußte auf den Bereich zwischen 200 und 250 kV bzw. auf 400 kV übergehen und entwickelte die erforderlichen Konstruktionen. Bei Kriegsende waren 200 kV-Leitungen in verschiedenen Ländern in Betrieb, 400 kV-Übertragungen waren ausführungsreif projektiert.

Daß der Gedanke einer überregionalen Verbundwirtschaft durch den Krieg und seine einschneidenden Folgen keine Einbuße erlitten hat, zeigt das in letzter Zeit wieder aufgegriffene Projekt der **Energieübertragung von Norwegen nach Dänemark.** Auch andere Planungen, die vor staatlichen Grenzen nicht Halt machen, haben solche Gedankengänge als Grundlage. Es kann kein Zweifel darüber sein, daß gerade für unsere zentraleuropäischen Gebiete, in denen sich die Wasserkraft- und die Brennstoffzone am meisten nähern, eine solche großräumige Verbundwirtschaft interessant, zumindest aber eingehender Studien wert ist. Zu ihrer Beurteilung ist eine Klärung der **wirtschaftlichen Grenzen** eines **Verbundbetriebes** zwischen gleichen und verschiedenartigen Energiequellen unerläßlich, da sich erst hieraus Richtlinien für die Gestaltung solcher Verbundnetze ableiten lassen.

Die Kosten der Energieübertragung.

Von wesentlichem Einfluß auf die Wirtschaftlichkeit eines Verbundbetriebes sind die **Fortleitungskosten,** über deren Höhe und Auswirkungen man sich vor allem ein Bild machen muß. Einen Ausschnitt aus umfangreichen Untersuchungen über den Übertragungsaufwand gibt für mittlere Verhältnisse Abb. 2. Es wurden für eine Jahresbenutzungsdauer von 5000 Stunden und einen Stromgestehungspreis von 1·6 Pfennig/kWh am Lei-

9

tungsanfang die Fortleitungskosten in Abhängigkeit von der Übertragungslänge für die in der Abbildung angegebenen Spannungen und Leistungen ermittelt. Man möge sich nicht daran stoßen, daß die Kosten in Markwährung angegeben sind, denn sie beziehen sich auf die letzte einigermaßen zutreffende Preisbasis vom Jahre 1942. Da es sich in der Hauptsache um Vergleichsrechnungen han-

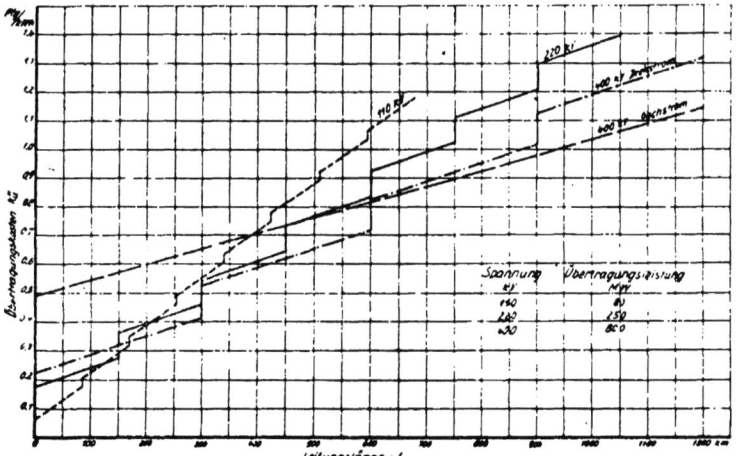

Abb. 2. Übertragungskosten in Abhängigkeit von der Übertragslänge, Benutzungsdauer = 5000 h. Stromkosten $k_0 = 1\cdot6$ Pfennig/kWh

delt, so spielt die Höhe der absoluten Kosten keine wesentliche Rolle. Die Übertragungsleistungen wurden bei 220 kV- und 400 kV-Drehstromleitungen auf deren „natürliche Leistung" unter Zugrundelegung normaler Leitungsausführungen begrenzt. Bei den in der Literatur in den letzten Jahren erörterten „Bündelleitungen", die ja hier in Österreich entwickelt wurden, ergeben sich wegen ihrer kleineren Wellenwiderstände höhere natürliche Leistungen. Auch die Koronaverluste werden günstiger, ein Vorteil, der neben einer Wirkungsgradverbesse-

rung bei langen Leitungen für die Erdschluß-
löschung von Bedeutung ist. Die Anlagekosten
von Bündelleitungen sind naturgemäß entsprechend
höher, und zwar bei 220 kV-Leitungen um etwa
35%, bei 400 kV-Leitungen um etwa 20%. Vergleichsrechnungen zeigen, daß durch Verwendung
von Bündelleitungen bei 220 kV keine wirtschaftlichen Vorteile zu erwarten sind; bei 400 kV dagegen verringern sich die Übertragungskosten um
die Größenordnung von 20 bis 30%. Dies bedeutet
eine entsprechende Vergrößerung der in den späte-
ren Diagrammen ermittelten wirtschaftlichen Über-
tragungsweiten.

Die Übertragungskosten sind für normale
110 kV- und 220 kV-Leitungen auf Grund der Erfahrungen mit in Deutschland ausgeführten Anlagen, für 400 kV-Leitungen (Drehstrom) unter Verwendung von eingehend durchgearbeiteten Projek-
ten ermittelt worden. Bei 400 kV-Gleichstromüber-
tragungen war man bei Festlegung der Stationskosten nur auf Schätzungen angewiesen, für die
eine in Mittel-Deutschland errichtete Großversuchs-
anlage als Anhaltspunkt diente. Auch in der Erfassung der Koronaverluste bei Gleichstrom liegt
mangels praktischer Erfahrungen eine gewisse Unsicherheit. Nach Veröffentlichungen sind sie bei
diesen hohen Spannungen niedriger als bei Drehstrom.

Für die Kosten der Umspannwerke, die
natürlich stark von der Zahl der Abgänge und da-
mit von der Netzstruktur abhängig sind, wurden
mittlere Erfahrungswerte eingesetzt. Die Stationsabstände sind einerseits durch die Stabilität der Übertragung, anderseits durch die Dichte
der Verbrauchsschwerpunkte bedingt. In der Abbildung wurden die Stationsabstände den Mittel-
werten für eine stabile Übertragung angepaßt,
und zwar wurden bei 110 kV etwa 85 km, bei 220 kV

11

150 km und bei 400 kV Drehstrom 300 km angenommen.

Als Jahresfaktoren wurden Werte eingesetzt, die den in den letzten Jahren für solche Anlagen üblichen Abschreibungssätzen, aber nicht überhöhten Steuern, Rechnung tragen.

Wenn auch im Einzelfall die absoluten Kostenziffern infolge der verschiedenartigen Geländeverhältnisse und Netzbedingungen nach der einen oder anderen Seite abweichen werden, so gibt die Abbildung doch einen ganz anschaulichen Überblick. Man sieht, daß die Übertragung mit 220 kV bei etwa 200 bis 250 km Länge der mit 110 kV kostengleich ist, während die Übertragung mit 400 kV Drehstrom über etwa 300 km der mit 220 kV überlegen wird. Die 400 kV-Gleichstrom-Fortleitung führt offenbar erst bei großen Übertragungsentfernungen ohne Zwischenstationen zu Ersparnissen, wobei man bei Beurteilung des Kostendiagrammes allerdings die bereits erwähnte Unsicherheit in der Erfassung des Aufwandes für die Umrichterstationen berücksichtigen muß. Man erkennt, daß verhältnismäßig geringfügige Änderungen in der Erfassung der Stationskosten die Wirtschaftlichkeitsgrenzen in einem, ziemlich weiten Bereich verschieben können.

Um aus diesen Kostenlinien für die Gestaltung von großen Verbundnetzen grundsätzliche Schlüsse ziehen zu können, müssen sie noch in zweierlei Richtung ausgewertet werden, und zwar:

1. Hinsichtlich des Einflusses der Zahl der Zwischenstützpunkte.

2. Hinsichtlich der Auswirkung der sogenannten „wirtschaftlichen Anlaufzeit" der Übertragung.

In Abb. 3 ist der Einfluß der Anzahl der Zwischenstationen auf die Fortleitungskosten für eine 600 km lange Übertragung dargestellt. Die Anzahl der Stationen bzw. der Leitungsabschnitte ist

12

nach unten durch die Stabilität der Übertragung begrenzt. Diese besonders hervorgehobenen Grenzen entsprechen den in Abb. 2 eingetragenen Werten. Vergleicht man eine 220 kV- mit einer 400 kV-Übertragung, so sieht man, daß die 400 kV-Übertragung bei drei Leitungsabschnitten teurer als eine 220 kV-Übertragung wird. Sind also in kleineren Abstän-

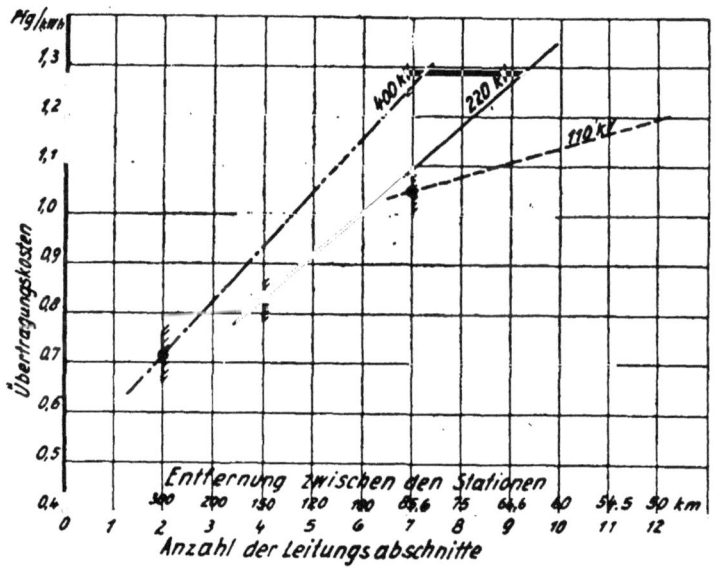

Abb. 3. Einfluß der Anzahl der Zwischenstationen auf die Übertragskosten

den 110 kV-Leitungen an eine solche Übertragung anzuschließen, so ist es wirtschaftlich richtiger, mehrere 220 kV-Leitungen statt einer 400 kV-Übertragung zu bauen. Dies wird in Gebieten mit hoher Verbrauchsdichte und stark vermaschten Netzen der Fall sein. Wirtschaftlich gesehen kann in solchen Fällen eine 400 kV-Übertragung als Hochleistungsverbindung erst einem vorhandenen 220 kV-System überlagert werden, um in dessen ausgeprägte Stützpunkte einzuspeisen. Dies gilt in noch stärkerem Maße für die Gleichstrom-Höchst-

13

spannungsübertragung, die in diesem Diagramm nicht berücksichtigt zu werden brauchte, da ihr Anwendungsbereich bereits klar aus Abb. 2 hervorging.

Die Wirtschaftlichkeit von 400 kV-Hochleistungsübertragungen wird nicht nur durch die Zahl der Zwischenstationen, sondern auch durch die sogenannte „wirtschaftliche Anlaufzeit" stark

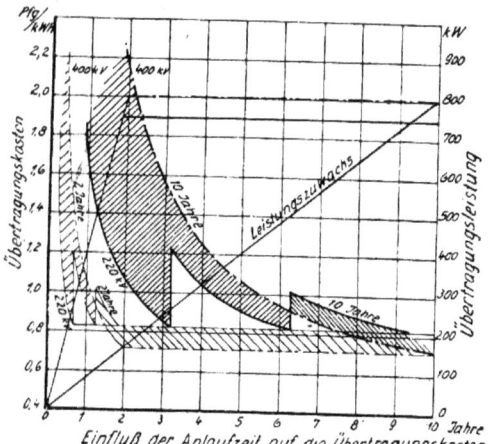

Abb. 4. Vergleich der Kosten von 220 und 400 kV-Drehstrom-Übertragungen. Benutzungsdauer = 5000 h. Stromkosten $k_0 = 1\cdot6$ Pfennig/kWh. Leitungslänge L = 600 km

beeinflußt, das ist die Zeitspanne, in der mit steigender Belastung die volle Übertragungsleistung erreicht wird. Die Abb. 4 stellt einen Versuch dar, die Auswirkung der wirtschaftlichen Anlaufzeit auf die Kosten zu veranschaulichen. Es wurden zwei extreme Fälle als Beispiele zugrundegelegt, und zwar soll die volle Leistung von 800 MW einer 400 kV-Übertragung das eine Mal in zwei Jahren, das andere Mal erst in zehn Jahren nach ihrer Fertigstellung erreicht werden. Mit ihnen wird der Bau von drei 220 kV-Leitungen verglichen, mit

denen man auf 750 MW, also auf ungefähr die-
selbe Leistungsgröße käme, deren Errichtung man
aber entsprechend dem Leistungszuwachs zeitlich
staffeln kann.

Für beide Belastungsfälle sind nun sowohl für
die 400 kV-Leitung als auch für die 220 kV-Systeme
die in den Jahren der Anlaufzeit anfallenden Übertragungskosten dargestellt. Die Mehr- und Minderkosten der 400 kV-Leitung sind durch verschiedene
Schraffur hervorgehoben. Man erkennt, daß bei
einer Anlaufzeit von zwei Jahren die Mehrkosten
während dieser durch die Minderkosten nach Er-
reichen der Volleistung aufgewogen werden. Bei
der Anlaufzeit von zehn Jahren überwiegen jedoch
die durch die länger dauernde ungünstige Belastung entstehenden Mehrkosten. Bei der Ent-
scheidung, ob man eine Hochleistungsübertragung
mit 400 kV oder an deren Stelle mehrere hinter-
einander auszubauende 220 kV-Systeme wählt, ist
also neben dem verbrauchsbedingten Stationsabstand auch die voraussichtliche wirtschaftliche
Anlaufzeit der Leitung zu berücksichtigen. Hoch-
leistungsübertragungen mit 400 kV bedingen ein
sehr rasches Hineinwachsen der Übertragungsleistung in die Leistungsfähigkeit der Leitung.

Diese Erkenntnisse sind für verbundwirtschaft-
liche Betrachtungen von grundsätzlicher Bedeutung.
Bei dem in unseren Gegenden zu erwartenden
Leistungsvolumen geben sie vorläufig dem 220 kV-
System ein wesentlich breiteres Anwendungsfeld
als der 400 kV-Übertragung und verweisen letztere
auf besonders gelagerte Einzelfälle, wie z. B. die
erwähnte Energieübertragung aus Norwegen. Aber
auch hier bedingt die Unterbringung der in einem
Punkt anfallenden großen Leistungen das Vor-
handensein eines leistungsfähigen Netzes, für das
praktisch auch nur das Spannungsniveau von
220 kV in Frage kommt. Es ist die Voraussetzung

und Basis für alle über dessen Rahmen hinausgehenden weiterreichenden Pläne.

Die Grundformen des Verbundbetriebes.

Analysiert man die verschiedenen Möglichkeiten des Energieaustausches bei Kupplung verschiedenartiger Energiequellen untereinander und mit den Verbrauchsschwerpunkten, so zeigt sich, daß sich diese auf einige Grundformen zurückführen lassen, die in großen Verbundnetzen in mannigfaltigen Kombinationen vorkommen. In Abb. 5 wurde versucht, diese Grundfälle des Energieaustausches in großen Verbundnetzen zu kennzeichnen. Als Fall A ist der Verbundbetrieb zwischen zwei aus Dampfkraftwerken versorgten Gebieten angedeutet, wobei das Dampfkraftwerk 1 Strom in das Gebiet des Dampfkraftwerkes 2 liefert. Die Wirtschaftlichkeit eines solchen Betriebes ist nur dann gegeben, wenn die Erzeugungskosten des Werkes 1 niedriger sind als jene des Werkes 2 und die Übertragungskosten diese Differenz nicht überschreiten. Sie wird in erster Linie eine Folge verschiedener Wärmepreise sein, aber auch Unterschiede in Anlagekosten und Wärmeverbrauch können eine solche Zulieferung aufwandsmäßig als tragbar erscheinen lassen. Es ergibt sich eine gewisse wirtschaftliche Übertragungsweite, innerhalb der ein Stromtransport von Werk 1 nach Werk 2 wirtschaftlich ist.

Der Fall B erfaßt die Stromlieferung aus Wasserkraftwerken in ein von Dampfkraftwerken versorgtes Gebiet. Als Fall C dagegen ist die umgekehrte Möglichkeit behandelt, und zwar die Lieferung von kalorischer Energie in das Wasserkraftgebiet.

Die Kombination der Fälle B und C ergibt den am meisten interessierenden Fall D des Energieaustausches zwischen Dampf- und Wasserkraftwerken, bei dem von dem Gedanken ausgegangen wird, daß über eine gewisse Zeit des Jahres Über-

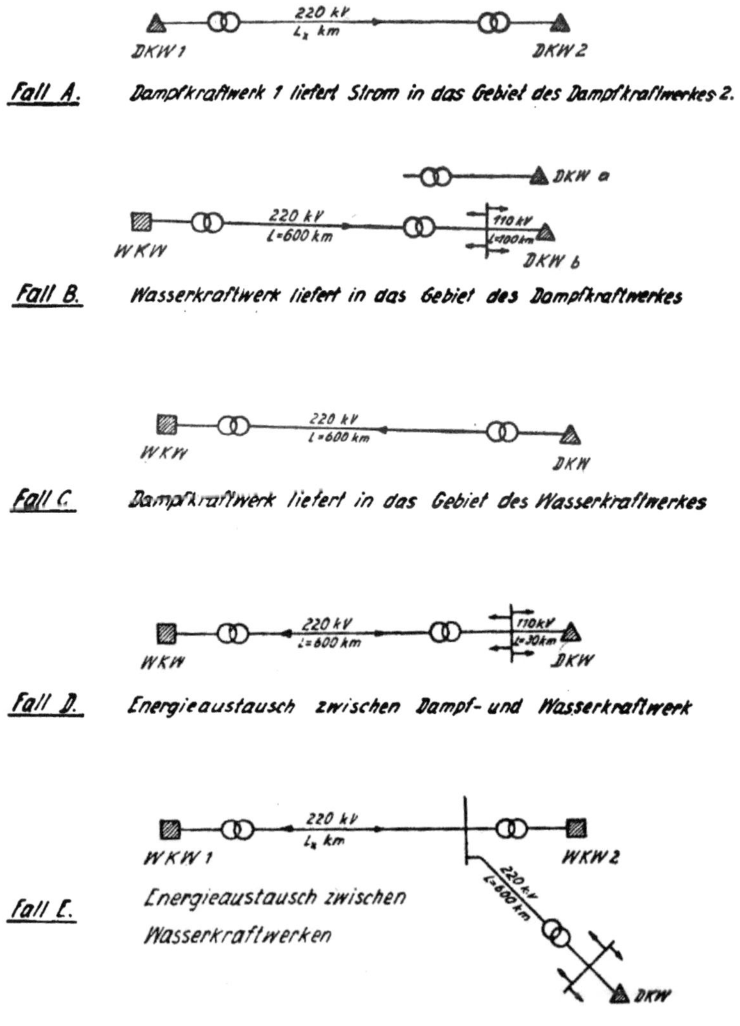

Abb. 5. Mögliche Energietransporte in einem überregionalen Verbundnetz

schußenergie in das Gebiet mit kalorischer Versorgung geliefert, zu Zeiten des Wassermangels jedoch umgekehrt Zuschußstrom von den Dampf-

2　　　　　　　　　　　　　　　　　　17

kraftwerken nach dem Wasserkraftgebiet übertragen wird.

Der Fall E stellt insofern eine Erweiterung des Falles D dar, als der Ausgleich zusätzlich durch ein oder mehrere Wasserkraftwerke mit anders geartetem Energieanfall, z. B. auch durch Anlagen mit voller Jahresspeicherung, erfolgt. Es wird sich hier um die Feststellung handeln, unter welchen Voraussetzungen der Verbundbetrieb mit einem solchen Jahresspeicherwerk gegenüber dem mit Dampfkraftwerken günstiger ist.

Auf diese Grundfälle werden praktisch alle Formen des Energieaustausches in Verbundnetzen zurückgeführt werden können. Für die Beurteilung der wirtschaftlichen Zweckmäßigkeit eines weiträumigen Verbundbetriebes wird es daher darauf ankommen, sich über die wirtschaftliche Reichweite des Energieaustausches und die notwendige Mindestbenutzungsdauer der Übertragungsanlage für die einzelnen Grundfälle ein Bild zu machen.

Für diese Wirtschaftlichkeits-Untersuchungen werden 220 kV-Leitungen mit einem mittleren Stationsabstand von 150 km zugrundegelegt. Aus den dafür erhaltenen Ergebnissen lassen sich ohne weiteres Schlüsse auf 400 kV-Drehstrom- und auch Gleichstromübertragungen ziehen, wenn man die Ergebnisse des vorhin angestellten Vergleiches zwischen 220 kV- und 400 kV-Leitungen berücksichtigt.

Für die Dampfkraftwerke wurden Anlagekosten von 220 RM/kW, ein Jahresfaktor von 14·2%, ein spezifischer Wärmeverbrauch von 3300 kcal/kWh bei Bestlast und ein Reservefaktor von 1·25, für den Eigenbedarf 6% der höchsten Leistungsabgabe, für die Bedienungs- und Unterhaltskosten, sowie für die Abhängigkeit des spezifischen Wärmeverbrauches von der Benutzungsdauer mittlere Erfahrungs-

18

werte angenommen. Für Wasserkraftwerke wurde
ein Jahresfaktor von 10% eingesetzt, der üblicher-
weise außer den kapitalabhängigen Kosten auch
den Bedienungs- und Unterhaltsaufwand einschließt.

Der Energieaustausch zwischen Gebieten mit Dampfkraftversorgung.

Betrachtet man zunächst den Fall A, das ist
der Energieaustausch zwischen Gebieten mit Dampfkraftversorgung, und macht die vereinfachende An-
nahme, daß, abgesehen vom Wärmepreis, für die
zusammen arbeitenden Dampfkraftwerke alle übrigen Kostenelemente dieselben seien, so ergeben
sich die in Abb. 6 eingetragenen zulässigen Übertragungsentfernungen in Abhängigkeit von der Benutzungsdauer. Hierbei wurde von der Grundlage
eines Wärmepreises von $1·5$ RM$/10^6$ kcal frei Werk 1
ausgegangen. Für das örtliche Werk 2 dagegen,
dem seitens des Werkes 1 über eine 220 kV-Leitung
Energie zugeliefert wird, wurde angenommen, daß
dieses Kohle mit einem Wärmepreis von $2·0$ bzw.
$2·5$ RM$/10^6$ kcal verfeuert. Eine Differenz im Wärmepreis von $1·0$ RM$/10^6$ kcal und auch mehr ist ohne
weiteres denkbar, wenn z. B. das Werk 1 als Braun-
kohlenwerk an der Grube liegt oder Abfallkohle verfeuert, während das Werk 2 auf Steinkohle ab-
gestellt ist, die mittels Bahn oder Schiff heran-
gebracht werden muß. Die Abbildung zeigt, daß
für Benutzungsdauern in der Größenordnung von
5000 bis 7000 Jahresstunden die Zulieferung von
Werk 1 nach Werk 2 bei einer Wärmepreisdiffe-
renz von $1·0$ RM$/10^6$ kcal über eine Entfernung von
350 bis 450 km, bei einer solchen von $0·5$ RM$/10^6$ kcal
über einen Abstand von etwa 150 bis 200 km wirtschaftlich tragbar ist.

In Wirklichkeit werden aber nicht nur die
Wärmepreise, sondern auch die Anlagekosten und

die Wärmeverbrauchsziffern verschieden sein. Dasselbe gilt auch für die Bedienungs- und Unterhaltskosten je nach Aufbau und Zustand des Werkes. Weichen z. B. die Anlagekosten der beiden Werke um 50 RM/kW voneinander ab, so würde sich bei

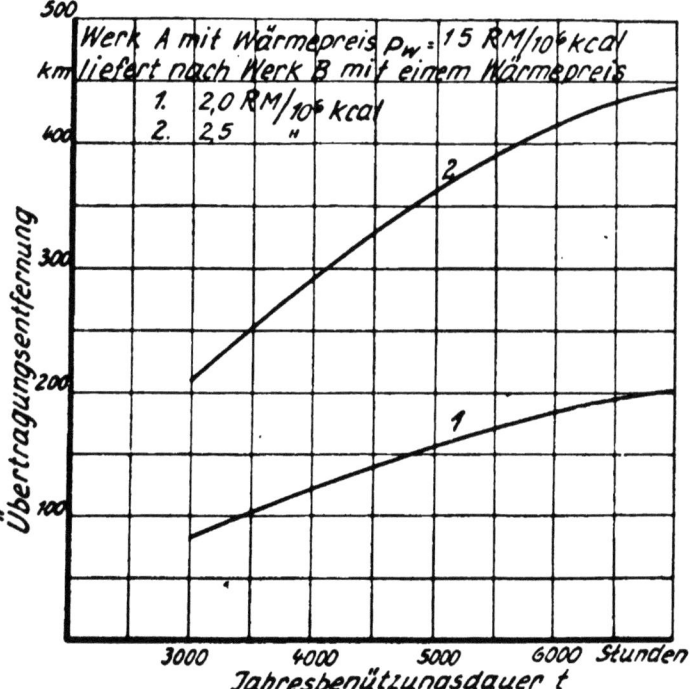

Abb. 6. Wirtschaftliche Übertragungsentfernung bei Stromlieferung über eine 220 kV-Leitung zwischen 2 Abnahmepunkten mit Dampfkraftwerken auf verschiedener Brennstoffbasis

7000 Benutzungsstunden ein Unterschied in der zulässigen Übertragungsweite von über 150 km, bei 5000 Benutzungsstunden von etwa 120 km ergeben. Wäre dagegen der Wärmeverbrauch zwischen den beiden Werken um 500 kcal/kWh verschieden, so würde eine Verschiebung der zulässigen Übertragungsentfernung bei 7000 Benutzungsstunden um etwa 70 bis 80 km, bei 5000 Benutzungsstunden um etwa 60 km eintreten.

Diese Überlegungen zeigen, daß der Energie-austausch zwischen Gebieten mit Dampfkraftwerken über 220 kV-Leitungen bei abweichenden Brennstoff-preisen und besonders bei höheren Benutzungs-dauern innerhalb des Bereiches von 1 bis 2, bei kleinerem Wärmeverbrauch oder niedrigeren An-lagekosten des zuliefernden Werkes bis drei Lei-tungsabschnitte mit je etwa 150 km Abstand wirt-schaftlich sein kann. Die Wirtschaftlichkeit eines solchen Verbundbetriebes steigert sich, wenn auch in den Zwischenstationen eine Stromabgabe erfolgt. Einem solchen Verbundbetrieb muß noch die gün-stigere Reservehaltung zugute gerechnet werden. Die Untersuchungen zeigen aber auch, daß da-gegen ein Energietransport über große Entfernun-gen zwischen Gebieten mit kalorischen Energie-quellen nicht in Frage kommt. Daher scheiden für diesen Fall des Energieaustausches Hoch-leistungsübertragungen aus und es wird hierfür im allgemeinen die Spannungsstufe von 220 kV genügen.

Die einseitige Energielieferung aus Wasserkraftgebieten in ein Gebiet mit kalorischer Stromversorgung und umgekehrt.

Für den Fall B, die Lieferung aus Wasser-kraftwerken in ein Gebiet mit kalorischer Strom-versorgung, wurde in Abweichung von der vorhin angewandten Darstellungsweise, im Hinblick auf die größere Zahl von veränderlichen Größen, wie Anlagekosten der Wasserkraft, Wärmepreis und Benutzungsdauer, eine Übertragungslänge von 600 km zugrunde gelegt, die etwa der mittleren Ent-fernung zwischen der Wasserkraft- und der Brenn-stoffzone entspricht. Es wird ermittelt, bis zu welcher Benutzungsdauer der Transport der Wasserkraftenergie wirtschaftlich ist.

In Abb. 7 ist nun ein Vergleich der Jahresgestehungskosten für diesen Fall dargestellt. Die

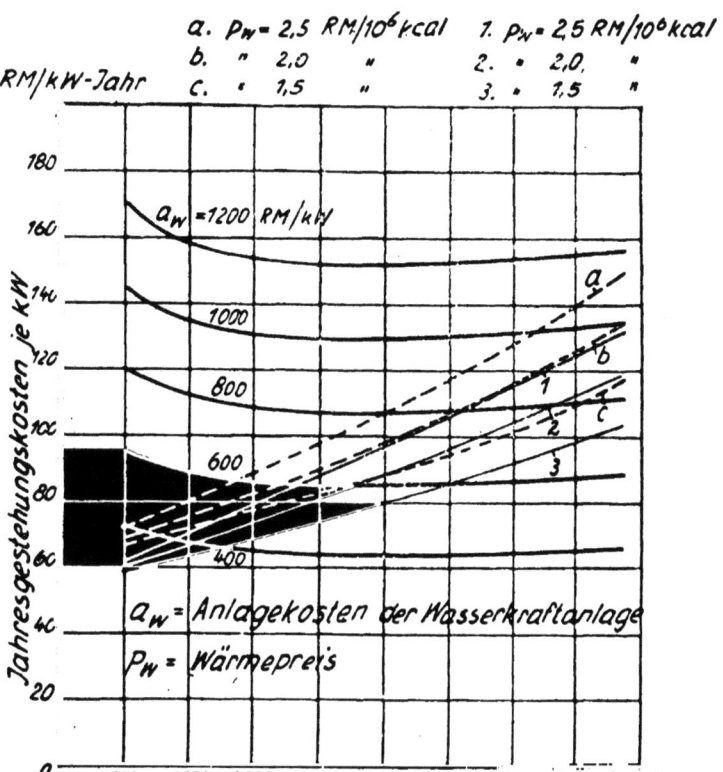

Abb. 7. Vergleich der Jahresgestehungskosten einer Wasserkraftanlage einschließlich 600 km langer Übertragung mit einem Dampfkraftwerk

1. bis 3. ohne 100 km lange 110 kV-Übertragung
a „ c mit 100 km langer 110 kV-Übertragung

Rechnungen wurden für zwei Varianten durchgeführt, und zwar

a) das Wärmekraftwerk liegt direkt im Übergabe bzw. Verbrauchsschwerpunkt,

b) das Wärmekraftwerk ist über eine 100 km lange 110 kV-Leitung an diesen angeschlossen.

Die Ergebnisse der Vergleichsrechnung können wie folgt gekennzeichnet werden: Für die Wirtschaftlichkeit der Übertragung sind neben dem Jahresfaktor die Anlagekosten der Wasserkraftwerke von größtem Einfluß. Bei sehr niedrigen

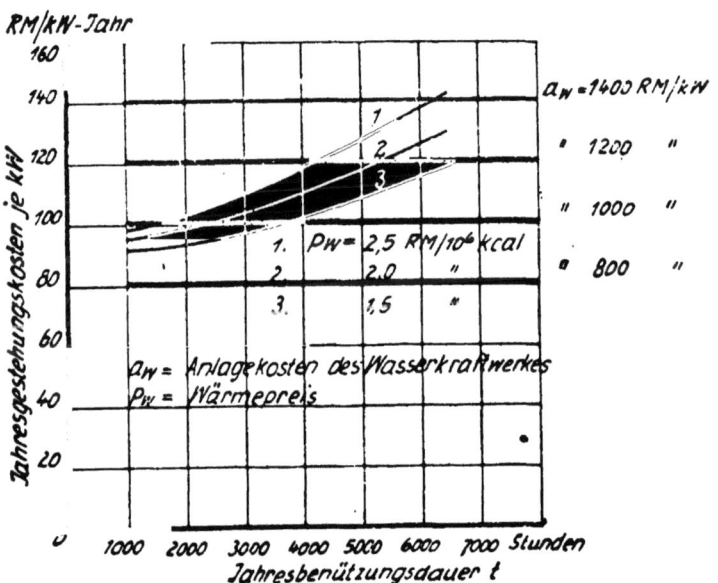

Abb. 8. Vergleich der Gestehungskosten eines Wasserkraftwerkes mit denen eines Dampfkraftwerkes, letzteres einschließlich einer 600 km langen 220 kV-Übertragung

Anlagekosten, wie z. B. beim Ausbau der norwegischen Wasserkräfte, ist der hydraulische Leistungsanfall bis zu verhältnismäßig kleinen Benutzungsdauern transportfähig. Bei sehr großen Wasserkraftleistungen würden sich für 400 kV-Übertragungen ohne oder mit einer geringen Zahl von Zwischenstationen unter sonst gleichen Voraussetzungen ähnliche wirtschaftliche Möglichkeiten ergeben.

Auch der Einfluß des Wärmepreises ist von Bedeutung. Beträgt er z. B. 2·0 RM/10⁶ kcal, so ergeben sich für Anlagekosten von 600 RM/kW die Wirtschaftlichkeitsgrenzen der Übertragung ₁ bei 4500 Benutzungsstunden; eine Verringerung des Wärmepreises auf 1·5 RM/10⁶ kcal würde diese Grenze von 4500 auf 5900 Benutzungsstunden hochrücken.

Für die Umkehrung des Falles B, die Lieferung aus Dampfkraftwerken in ein Gebiet mit Wasserkraftversorgung, wurde ebenfalls eine Übertragungsentfernung von 600 km angenommen. Die Ergebnisse dieser Untersuchung sind aus Abb. 8 ersichtlich. Dieser Fall der einseitigen Energielieferung von Dampfkraftwerken nach Wasserkraftgebieten hat, wie man erkennt, nur wenig praktische Bedeutung.

Der Energieaustausch zwischen Gebieten mit kalorischer und Wasserkraftversorgung.

Kombiniert man die beiden zuletzt besprochenen Übertragungsfälle, so erhält man den Fall D, den Energieaustausch zwischen Gebieten mit kalorischer und Wasserkraftversorgung. Die Voraussetzungen für diesen Betriebsfall seien in Abb. 9 erläutert. In dem Diagramm ist über den einzelnen Monaten das Wasserkraftdargebot und der Energiebedarf eines größeren Gebietes angedeutet. Es ist dabei vorausgesetzt, daß es sich bei den Wasserkraftanlagen teils um Laufkraftwerke, teils um Jahresspeicherwerke handelt, so daß ein teilweiser Jahres- und ein Tagesspitzenausgleich möglich ist.

Die während der Sommermonate sich als Differenz zwischen Ausbauleistung und Bedarf des eigenen Versorgungsgebietes ergebende Überschußleistung wird, wie vorhin dargelegt, dem Gebiet mit Dampfkraftversorgung zugeführt. Umgekehrt liefern in den Wintermonaten diese Dampfkraft-

24

werke die notwendige Überschußenergie über die Leitung nach dem Wasserkraftgebiet. Der Verbundbetrieb mit den Dampfkraftwerken ergänzt die hydraulische Speicherung auf den vollen Belastungsausgleich. Durch den Transport in beiden Richtungen ist die Leitungsanlage während des ganzen Jahres gut belastet, so daß die festen Kosten weniger ins Gewicht fallen. Außerdem stellt die Transportleistung nur einen Teil der Gesamtabgabe

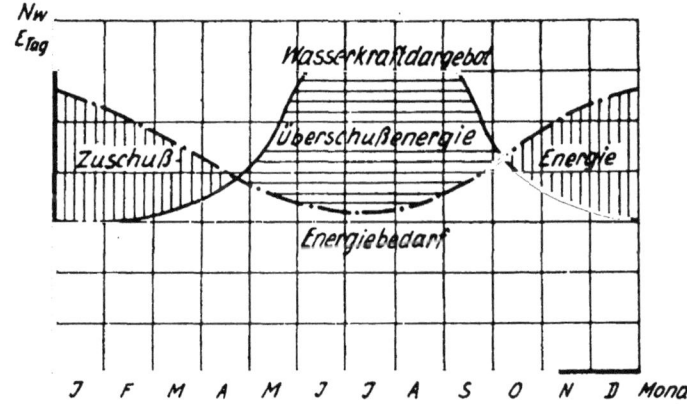

Abb. 9. Schematische Darstellung des Wasserkraftdargebotes eines größeren Gebietes mit teilweisem Jahresausgleich und des Energiebedarfs. Tagesausgleich vorausgesetzt

dar, so daß — auf letztere bezogen — die Übertragungskosten nicht den Einfluß ausüben wie bei einer einseitigen Fernversorgung.

Entsprechend den in Abb. 9 dargestellten mittleren Verhältnissen wurden für die Untersuchungen folgende Annahmen gemacht:

Jährliche Ausnutzungsdauer der Wasserkraftleistung 6300 Stunden,

jährliche Benutzungsdauer der Überschußleistung 2900 Stunden,

jährliche Benutzungsdauer der Zuschußleistung 3000 Stunden.

25

Die Benutzungsdauer für die Übertragungsanlage ergibt sich demnach zu 5700 Stunden, das ist also fast der doppelte Wert der Benutzungsdauer für die Übertragung in einer Richtung allein. Der Ausgleich nach beiden Richtungen bringt also eine fühlbare Senkung der festen Fortleitungskosten.

Um die Wirtschaftlichkeit eines solchen Verbundbetriebes beurteilen zu können, ist festzustellen, wieviel die Wasserkraftwerke mehr kosten dürfen, wenn sie durch Errichtung entsprechend größerer Jahresspeicher in die Lage versetzt würden, den vollen Jahresausgleich an Stelle des Verbundbetriebes mit dem Dampfkraftgebiet allein durchführen zu können. Es sind also die Mehrkosten für die Wasserkraftgruppe mit vollem Jahresausgleich mit den Kosten für die Lieferung der Zuschußenergie aus den Dampfkraftwerken zu vergleichen, wobei von den letzteren der Erlös für die Überschußenergie abgezogen werden muß. Für diesen ist die obere Grenze durch die Einsparung an Brennstoff und an arbeitsabhängigen Betriebskosten in den Dampfkraftwerken gegeben, für die die gleichen Erfahrungswerte zugrunde gelegt wurden wie bei den vorhin untersuchten Fällen.

Es würde hier zu weit führen, die Berechnungen, die wieder für eine Übertragungslänge von 600 km vorgenommen wurden, im einzelnen wiederzugeben; es seien daher nur die Ergebnisse erörtert. Sie zeigen zunächst, daß die Auswirkungen des Wärmepreises nur geringfügig sind, da er sowohl in der Vergütung für die Überschußenergie als auch im Aufwand für die Zuschußenergie auftritt; er kann daher vernachlässigt werden. Dagegen ist der Einfluß der Tagesbenutzungsdauer für den Tag mit der höchsten Belastung von Bedeutung. Bei einer Tagesbenutzungsdauer von 12 Stunden dürften unter den gemachten Voraussetzungen die Wasserkraftwerke mit vollem

Jahresausgleich höchstens rund 200 RM/kW, bei einer solchen von 18 Stunden etwa 300 RM/kW mehr kosten als die Anlagen mit teilweisem Ausgleich nach Abb. 9. Da niedrigen Tagesbenutzungsdauern im allgemeinen auch kleinere Jahresbenutzungsdauern zugeordnet sind, hierbei jedoch für den vollen Jahresausgleich ein größerer Speicherraum notwendig ist, so wird der zusätzliche Speicherraum nur bei hohen Benutzungsdauern der Verbrauchsspitze und bei günstigen baulichen Vorbedingungen zu den zulässigen Mehrkosten zu erstellen sein.

Der Vergleich verschiebt sich noch mehr zugunsten des Verbundbetriebes, wenn es sich bei den Dampfkraftwerken, die den Zusatzstrom liefern, um zum Teil abgeschriebene Anlagen oder um bereits als Zusatz- und Spitzenkraftwerke entworfene Anlagen mit niedrigen Baukosten handelt.

Wenn auch die Verhältnisse von Fall zu Fall verschieden sind und jeweils einer besonderen Untersuchung bedürfen, so zeigen diese Überlegungen doch grundsätzlich die wirtschaftliche Berechtigung eines Energieaustausches zwischen Dampf- und Wasserkraftgebieten, auch über größere Entfernungen. Je nach dem Leistungsbedarf der in Frage kommenden Gebiete und der Dichte der Speisepunkte kommt hierfür grundsätzlich die Anwendung der 220 kV- und 400 kV-Spannungsstufe gleichermaßen in Frage.

Der Energieaustauch zwischen Wasserkraftgebieten.

Die rechnerische Erfassung der Wirtschaftlichkeit des Verbundbetriebes zwischen Wasserkraftgebieten, des letzten Falles, auf allgemeiner Grundlage, ist noch schwieriger. Bei diesem wird es sich vornehmlich um das Zusammenarbeiten von Alpen-Jahresspeicherwerken mit Laufkraftanlagen handeln. Die Wirtschaftlichkeitsgrenzen sind durch den Vergleich mit der Lieferung der

Zusatzenergie aus Dampfkraftwerken gegeben, so daß man bei der Untersuchung dieses Falles von den Ergebnissen des Falles D, nämlich des Energieaustausches Wasserkraft—Wärmekraft, ausgehen kann.

Während im vorhergehenden Fall angenommen wurde, daß an Stelle der Wasserkraftwerke mit teilweisem Belastungsausgleich solche mit vollem Ausgleich errichtet werden sollen, die eine Liefe-

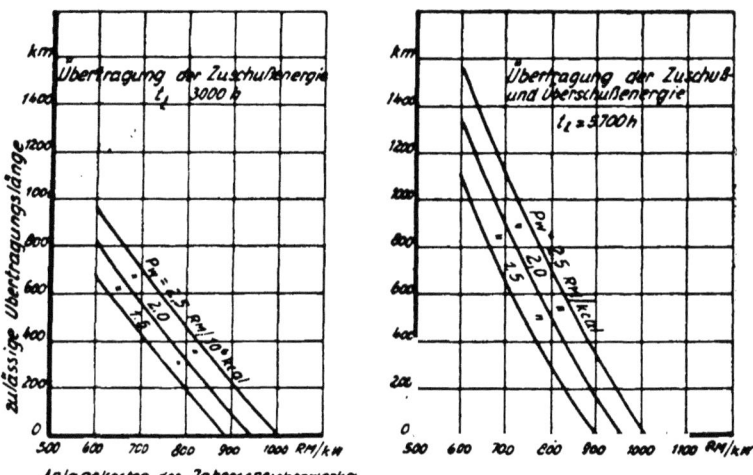

Abb. 10. Zulässige Übertragungslängen bei Deckung der Mangelenergie im Winter durch Jahresspeicheranlagen. (Grundlage Abb. 10)

rung von kalorischer Zuschußenergie erübrigen, ist hier die Frage zu stellen, unter welchen Umständen ein zusätzliches Jahresspeicherwerk über eine gewisse Leitungslänge in das Gebiet der Wasserkraftwerke mit teilweisem Ausgleich die fehlende Winterenergie billiger liefert als das Dampfkraftwerk über die Kuppelleitung.

Verwendet man auch für diese Untersuchung die vorhin gemachten Annahmen, so erhält man als Ergebnis das linke Diagramm der Abb. 10.

28

Über den Anlagekosten der zusätzlichen Jahresspeicherwerke sind in Abhängigkeit vom Wärmepreis für die im Dampfkraftwerk zu verfeuernde Kohle die zulässigen Übertragungslängen zwischen dem zusätzlichen Speicherwerk und der anderen Wasserkraftgruppe eingetragen. Vorausgesetzt ist wieder eine Benutzungsdauer der Übertragungsanlage und eine Ausnutzungsdauer. des Speicherwerkes von 3000 Stunden, sowie eine Länge der Verbindungsleitung zwischen Dampf- und Wasserkraftwerken von 600 km.

Die zulässigen Übertragungskosten sind in starkem Maße von den Anlagekosten des Speicherwerkes abhängig. Eine Differenz der Anlagekosten um 100 RM/kW ändert die zulässige Übertragungslänge um 110 bis 130 km. Daneben macht sich der Einfluß des Wärmepreises für das im Wettbewerb stehende Dampfkraftwerk auf die wirtschaftliche Übertragungsweite bemerkbar.

Bei diesen Untersuchungen war vorausgesetzt, daß über die Leitung nur die Mangelenergie vom zusätzlichen Speicherwerk nach der Wasserkraftgruppe übertragen wird. Die Berechnungen wurden noch auf den Fall ausgedehnt, daß die Überschußenergie aus der Wasserkraftgruppe in den Bereich des zusätzlichen Jahresspeicherwerkes geliefert und dadurch ein zweiseitiger Energietransport erreicht wird, der die Benutzungsdauer der Kuppelleitung in ähnlicher Weise wie beim Verbundbetrieb zwischen Wasserkraft- und Dampfkraftsystem erhöht. Das zum großen Teil aus Laufkraftwerken bestehende, beschränkt speicherfähige System liefert seine Sommer-Überschußenergie in das Gebiet des zusätzlichen Jahresspeicherwerkes, um dort einen entsprechenden Teil des Bedarfes zu decken und letzterem die Zurückhaltung der Sommerenergie für die Wintermonate zu ermöglichen. Dieser Fall entspricht hinsichtlich seiner rechnerischen Voraussetzungen auch angenähert einer Kupplung von Wasserkraftanlagen mit verschiedener Abflußcharakteristik.

Im rechten Diagramm der Abb. 10 wurde dieser Fall der wechselseitigen Energieübertragung behandelt. Man erhält hierbei wegen der besseren Ausnutzung der Leitungsanlage naturgemäß größere zulässige Übertragungsentfernungen.

Auch hier wird sich bei Beurteilung praktischer Fälle die Leistungsabgabe in Zwischenstationen, an denen 110 kV-Netze angeschlossen sind, ähnlich wie beim Verbundbetrieb zwischen Dampf- und Wasserkraftanlagen, günstig auswirken und berücksichtigt werden müssen. Es ist aber auch zu beachten, daß solche Werke für vollständigen Belastungsausgleich sehr große Speicherräume benötigen, die die Anlagekosten empfindlich erhöhen. Genaue Studien bestimmter Fälle zeigten, daß das Optimum bei einem teilweisen Ausgleich durch hydraulische Speicherwerke und Deckung der Restenergie durch Dampfkraftwerke liegt, wobei deren Gebiet auch die Überschußenergie aufnimmt, soweit sie nicht im Wasserkraftgebiet selbst untergebracht wird.

Zusammenfassend kann man sagen, daß im allgemeinen der Energieaustausch zwischen Wasserkraftgebieten untereinander nur in einem beschränkten Bereich wirtschaftlichen Nutzen bringen kann, so daß schon im Hinblick auf eine etwaige Leistungsabgabe in Zwischenstationen eine höhere Spannungsstufe als 220 kV für die Kuppelleitung kaum in Frage kommt.

Der wirtschaftliche Versorgungsbereich von Wasserkraftwerken.

Diese einzeln behandelten Grundformen des Energieaustausches zwischen verschiedenartigen Energiequellen gaben einen Überblick über die

Grenzen des Verbundbetriebes. Sie ließen vor allem seine wirtschaftlichen Möglichkeiten zwischen Wasserkraftgebieten und kalorischen Energiezentren innerhalb verhältnismäßig weiter Räume erkennen, wogegen die Kupplung gleichartiger Energiequellen einen Nutzen nur in beschränkterem Ausmaße erwarten läßt. Die Ausbaukosten der Wasserkraft, die Höhe des Jahresfaktors, die Benutzungsdauer und der Anteil der Übertragungsleistung am Gesamtenergieaufbringen des Verbundsystems, die Brennstoffkosten und der Erzeugungsaufwand in den kalorischen Anlagen sind die Größen, die den räumlichen Bereich des Energieaustausches maßgebend beeinflussen. Sie bestimmen den wirtschaftlichen Versorgungsbereich von Wasserkraftwerken, der letzten Endes das Kriterium für die Ausbauwürdigkeit einer Wasserkraft in verbundwirtschaftlicher Hinsicht ist.

Die Grenze dieses wirtschaftlichen Versorgungsbereiches ergibt sich aus der Gleichheit der mittleren Gestehungskosten bei Stromlieferung aus dem betrachteten Wasserkraftwerk und bei Bezug von einer anderen Energiequelle, z. B. einer Dampfkraftanlage. Bei der Festlegung des wirtschaftlichen Versorgungsbereiches eines Wasserkraftwerkes gegenüber einer kalorischen Stromversorgung sind die beiden in Abb. 11 oben angedeuteten Fälle zu unterscheiden. Das linke Schema betrifft den Vergleich der Wasserkraftlieferung mit einem im Verbrauchsschwerpunkt gedachten örtlichen Dampfkraftwerk, das rechte Schema mit der Lieferung aus einem in gewisser Entfernung gelegenen kalorischen Energiezentrum. Die wirtschaftliche Reichweite der Wasserkraftversorgung ist in beiden Diagrammen in Abhängigkeit von den Anlagekosten des Wasserkraftwerkes, dem Jahresfaktor und der Benutzungsdauer eingetragen. Für das Dampf-

31

kraftwerk wurden wieder dieselben Annahmen wie bei den vorhergehenden Untersuchungen gemacht. Der Abstand zwischen Wasserkraft und kalorischer

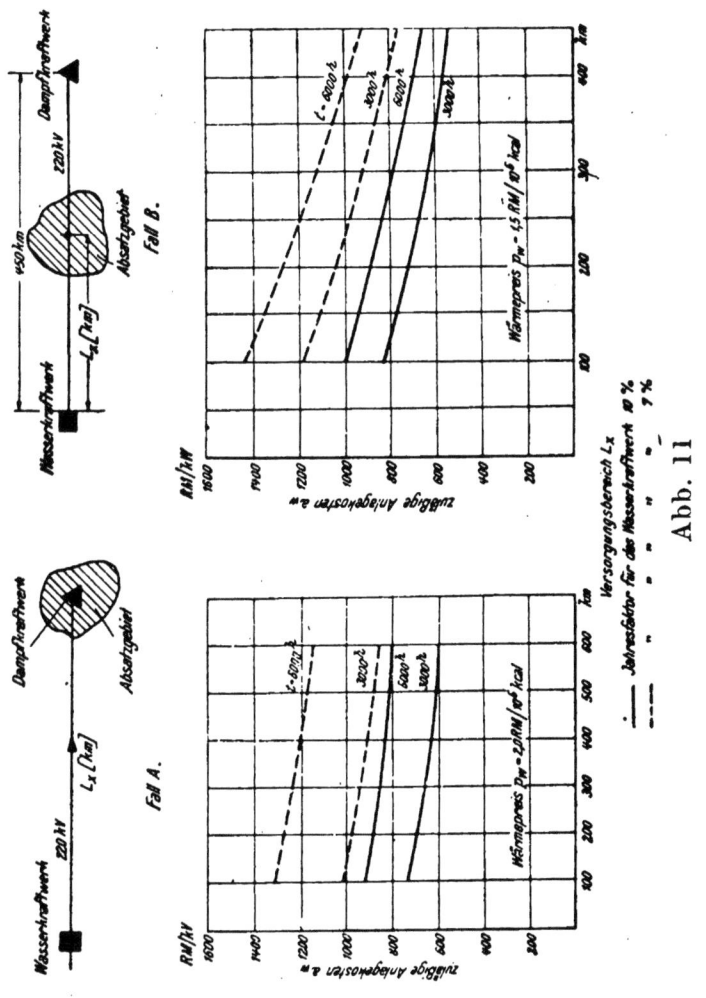

Abb. 11

Energiebasis wurde im rechten Diagramm mit 450 km zugrunde gelegt. Dies entspricht etwa der Entfernung zwischen den Alpenwasserkräften und dem nordböhmischen Braunkohlenrevier.

Die Abbildungen zeigen vor allem den Einfluß

der Anlagekosten und des Jahresfaktors für die Wasserkraftanlage auf die wirtschaftliche Reichweite. Von der Darstellung ihrer Abhängigkeit vom Wärmepreis wurde hier abgesehen, um die Abbildung nicht zu unübersichtlich werden zu lassen. In welchem Maße sich die Höhe des Wärmepreises auf die Wirtschaftlichkeit der Wasserkraftversorgung auswirkt, ging bereits aus

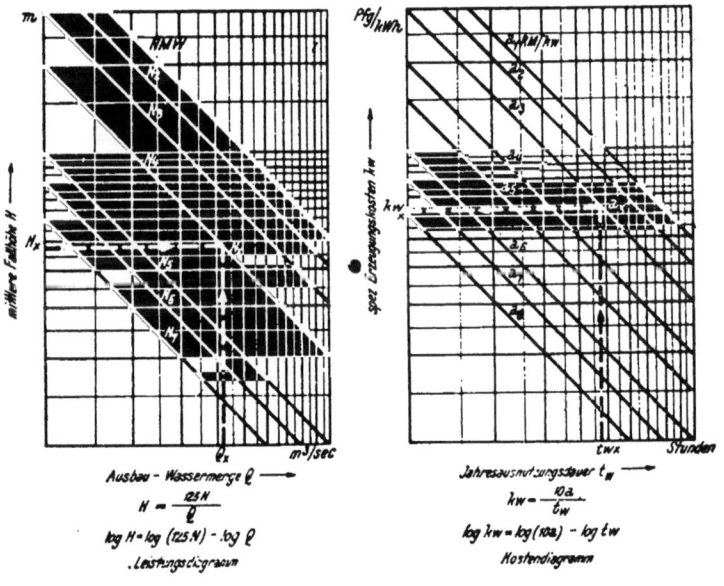

Abb. 12

Abb. 7 hervor. Hier wurde für den im linken Diagramm behandelten Fall ein Wärmepreis von 2·0 RM/10⁶ kcal (örtliches Kraftwerk), für den rechts dargestellten als Mittel für ein im Kohlengebiet liegendes Werk ein solcher von 1·5 RM/ /10⁶ kcal angenommen.

Es interessiert nun, welcher Bereich für die als ausbauwürdig angesehenen Wasserkräfte, vor allem die unserer Heimat, in Frage kommt. Um hierüber ein übersichtliches Bild zu erhalten, sei

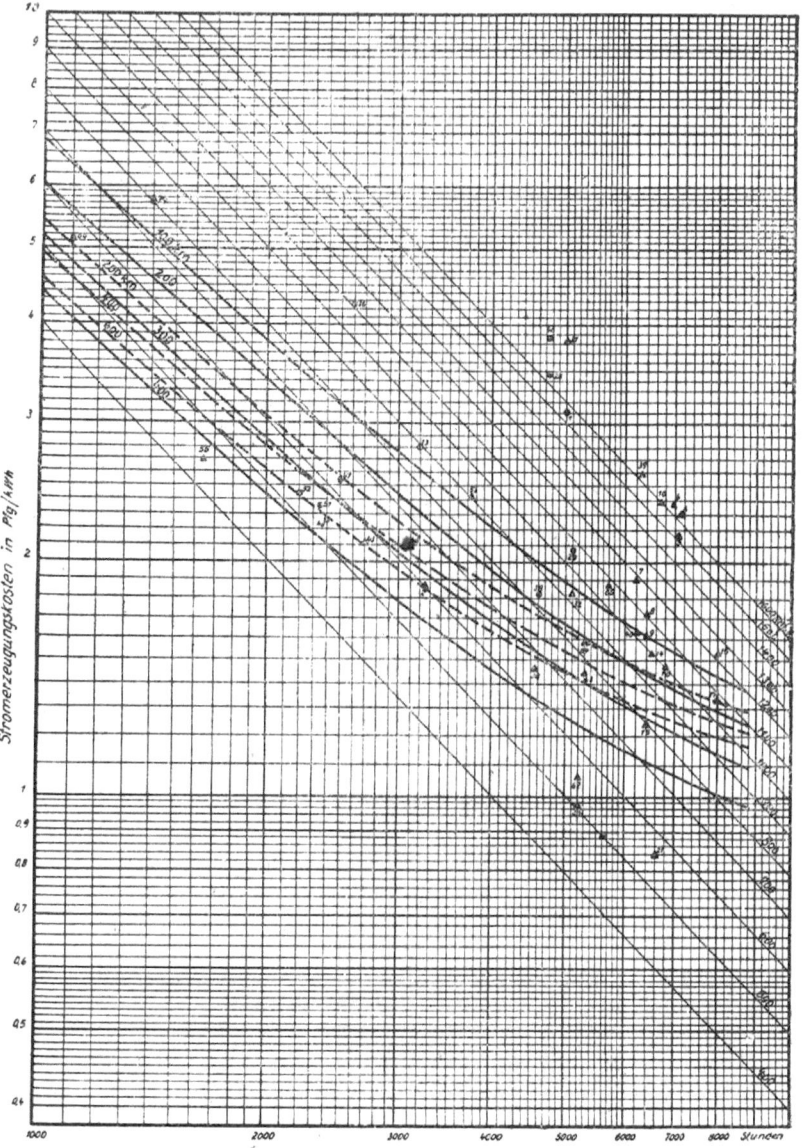

Abb. 13a. Kostenschaubild von Wasserkraftanlagen. Jahresfaktor 10%

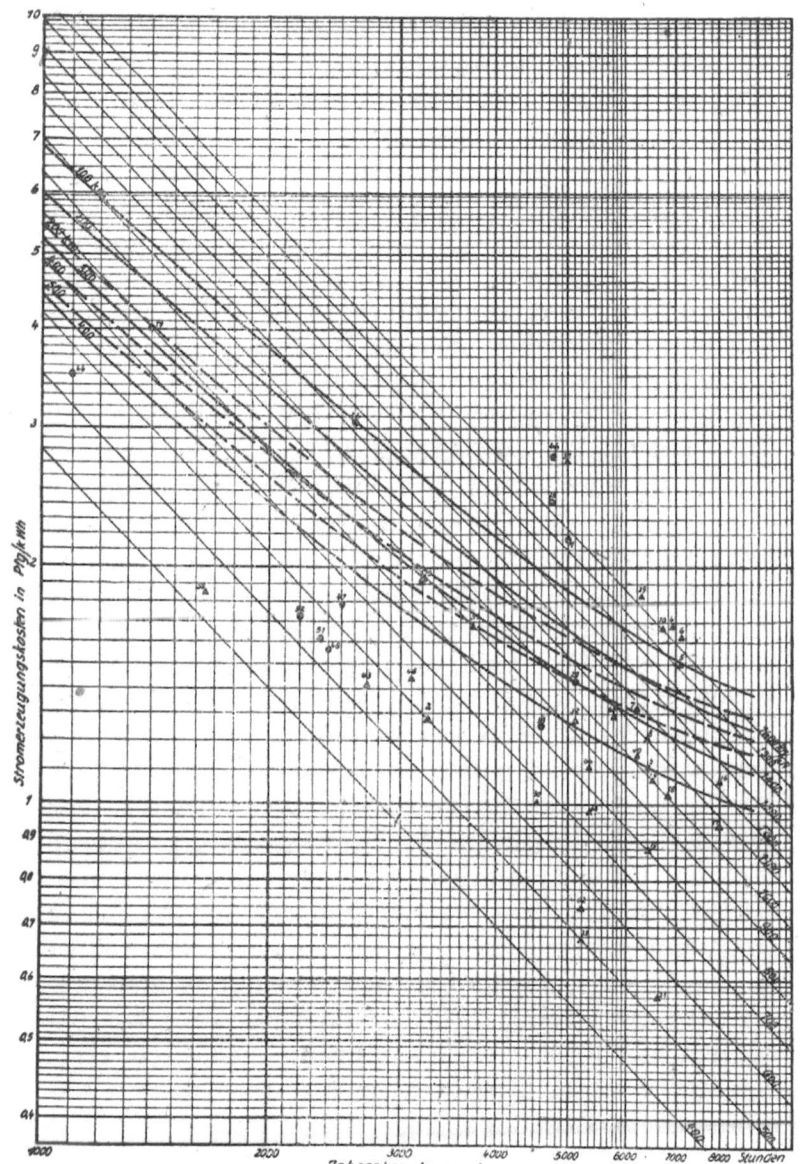

Abb. 13 b. Kostenschaubild von Wasserkraftanlagen.
Jahresfaktor 7⁰/₀

eine Darstellung gewählt, die dem von Ludin verwendeten Leistungsdiagramm von Wasserkräften ähnlich ist. Dessen Aufbau ist in Abb. 12 links angedeutet. Ebenso wie dieses Diagramm den Zusammenhang zwischen Wassermenge, Fallhöhe und Ausbauleistung für die einzelnen Wasserkraftanlagen angibt, stellt das rechts gezeigte Kostendiagramm die Beziehung zwischen Anlagekosten, Ausnutzungsdauer und mittlerem Stromgestehungspreis her. Durch Eintragen der für die verschiedenen Projekte geltenden Werte erhält man einen guten Überblick über deren Wirtschaftlichkeit. In den Abb. 13a und 13b ist dieses Kostendiagramm praktisch ausgewertet, und zwar für Jahresfaktoren von 10 und 7%. Die Daten für die eingetragenen Wasserkraftprojekte wurden der Zusammenstellung entnommen, die 1942 vom maschinentechnischen Ausschuß der Vereinigung der EW. ausgearbeitet worden ist. Die Anlagen mit Speicherung wurden durch Kreise, die Laufkraftwerke durch Dreiecke gekennzeichnet. Die stark gezeichneten, voll ausgezogenen Linien geben die zulässigen Gestehungskosten ab Wasserkraftwerk für den Fall des Vergleiches mit einem im Verbrauchsschwerpunkt gelegenen Dampfkraftwerk, die strichlierten Linien für den zweiten Fall des Vergleiches mit der Lieferung kalorischer Energie aus einem etwa 450 km entfernt gelegenen kalorischen Erzeugungszentrum. Die aus dem Jahre 1942 stammenden Projektwerte werden im Falle der Ausführung sicherlich einer Korrektur unterliegen, sie geben aber doch einen allgemeinen Überblick über die Wettbewerbsfähigkeit der Wasserkraft gegenüber der kalorischen Stromversorgung und lassen vor allem die Bedeutung der Verringerung des Jahresfaktors durch niedrige Zinssätze und Senkung der Steuern und sonstigen Abgaben für die praktische Ausnutzbarkeit der Wasserkräfte hervortreten. Der vorhin

behandelte Leistungsaustausch zwischen Wasser-
und Wärmekraftzentren führt, wie wir gesehen
haben, zu günstigeren Ergebnissen, als nach der
Abb. 13, die lediglich die Grenzen der Wasserkraft-
gegenüber der Wärmekraftversorgung aufzeigt, zu
erwarten wäre. Er sollte daher im Rahmen einer
großzügigen Energieplanung angestrebt werden.

Die Beeinflussung der Auslegung
von Jahresspeicherwerken.

Der Energieaustausch zwischen Gebieten mit
kalorischer und Wasserkraftversorgung beeinflußt
auch entscheidend die Auslegung von Jahres-
speicherwerken. Es wurde in Abb. 14 versucht,
die grundsätzliche Seite dieses Problems zu kennzeichnen. Das linke Diagramm gibt die Abfluß-
kurve für ein alpines Kraftwerk (1) und verschiedene Ausgleichsmöglichkeiten bis auf die volle
Winterspeicherung wieder. Im rechten Diagramm
sind die Ausbauleistungen und Speicherinhalte als
Verhältniszahlen zur mittleren Jahresleistung bzw.
zur Jahresabgabe eingetragen. Man erkennt klar,
wie sich der Speicherinhalt bis zum vollen Jahresausgleich vergrößert, ebenso auch für ein Winter-
spitzenwerk (rechter Ast der Kurve) die Ausbauleistung. Der Verbundbetrieb mit den Dampfkraftwerken gestattet nun, das hydraulische Speicherwerk für eine optimale Jahresbenutzungsdauer aus-
zulegen, die je nach den Verhältnissen zwischen
dem Ausgleich auf konstante Jahresleistung und
auf volle Deckung der Winterspitze liegen, wird
(zwischen den Punkten 3 und 2). Der Verbundbetrieb verschiebt die Auslegung des Wasserkraftwerkes nach einer höheren Benutzungsdauer hin.
Bei Überlegungen über eine optimale Ausbaugröße
von Speicherkraftwerken ist zu berücksichtigen,
daß die flußabwärts liegenden Laufkraftwerke in
ihrem zeitlichen Leistungsanfall ebenfalls günstiger

werden, da sich die Speicherung auch auf diese Anlagen durch bessere Anpassung an die Verbrauchskurve auswirkt.

Diese Art von Verbundbetrieb vermindert den Aufwand für die Speicherwerke und ermöglicht

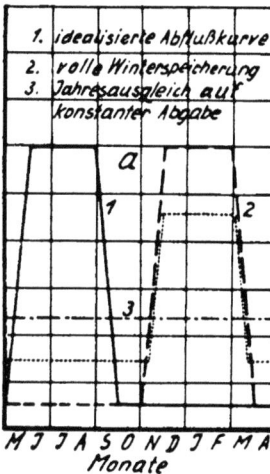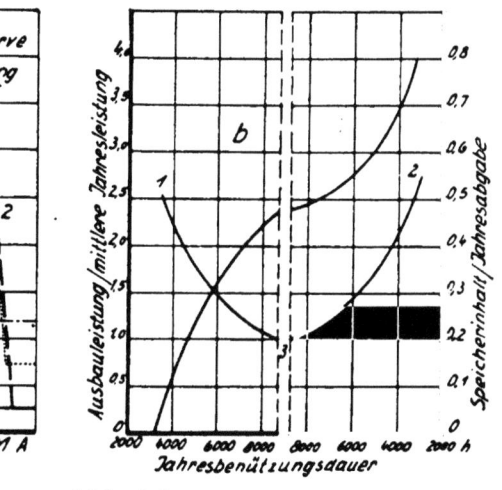

Abb. 14

a Schematische Darstellung der Speicherungsmöglichkeit einer Hochdruckanlage

b Ausbauleistung und Speicherinhalt in Abhängigkeit von der Jahresbenutzungsdauer

es auch, den Bedarf in besonders wasserarmen Jahren zu befriedigen.

Grundsätzliche Folgerungen für die weitere Entwicklung der Verbundwirtschaft.

Welche Folgerungen lassen sich aus diesen Untersuchungen im allgemeinen und für unser Land im besonderen ziehen? Fassen wir die Ergebnisse zusammen, so kann man sagen, daß der energiewirtschaftliche Zusammenschluß von Räumen, deren Längenausdehnung dem Bereich zwischen Wasserkraft- und Brennstoffzone entspricht und deren Breite durch eine Energieverschiebung innerhalb der Zonen um 200, günstigstenfalls bis vielleicht 400 km wirtschaftlich begrenzt wird, durchführbar ist. Wegen der in einem solchen Gebiet gegebenen Möglichkeit, die zwangsläufig anfallenden Energiearten weitgehendst auszunutzen und die einzelnen Anlagen in zweckmäßigster Weise einzusetzen, kommt ihr, von höherer Warte aus gesehen, grundsätzliche Bedeutung zu, die allerdings eine über das Lokale hinausgehende Betrachtungsweise erfordert.

Wie liegen nun die Verhältnisse für Österreich? Wenn wir uns die eingangs vorgeführte Karte der Energievorkommen nochmals vergegenwärtigen, so werden wir feststellen, daß in Zentraleuropa verschiedene günstige Voraussetzungen für eine überregionale Verbundwirtschaft gegeben wären. Als solche sind zu nennen:

Die Annäherung der Wasserkraft- und Brennstoffzone aneinander in unseren Längengraden, die einen Energieaustausch begünstigt und den wirtschaftlichen Versorgungsbereich der Wasserkräfte bis an die Brennstoffzone heranreichen läßt;

die Lage Österreichs im Zuge der Wasserkraftzone;

der Umfang der ausbauwürdigen Wasserkräfte, der nach der vorhin erwähnten, noch gar nicht vollständigen Zusammenstellung der ·V. D. E. W. 65 Werke mit rund 3 Mio kW und einer mittleren Jahresabgabe von rund 12 Mia kWh umfaßt, das wären zur vorhandenen Energieaufbringung zusätzlich etwa 1700 kWh/Kopf;

der Mangel an ausreichenden Brennstoffvorkommen in Österreich;

der bei Ausbau der nordböhmischen Kohlenveredlungsindustrie zu erwartende Anfall großer Mengen minderwertiger Kohle;

der Mangel eines Teiles unserer Nachbarländer an Wasserkräften;

die im Gegensatz zu Österreich bei unserem westlichen Nachbarn, der Schweiz, bereits weit vorangetriebene Verwertung der ausbauwürdigen Wasserkräfte.

Abb. 15 gibt als Ausschnitt aus Abb. 1 einen Überblick über die Energievorkommen in Österreich und seinen Nachbarländern. Sie zeigt auch die Braunkohlen-Lagerstätten im nordwestlichen Teil Jugoslawiens, die umfangreicher zu sein scheinen, als man früher annahm und die neben anderen Verwertungsmöglichkeiten auch eine ins Gewicht fallende Basis für eine kalorische Stromerzeugung darstellen. In der Karte sind neben den Energievorkommen auch die bei Kriegsende in Betrieb gewesenen Übertragungsanlagen, bzw. die in Angriff genommenen Leitungsbauten eingetragen.

Wohl wird man bestrebt sein, stromintensive Industriebetriebe, vor allem solche, die an den zeitlichen Verlauf des Energieanfalles anpassungsfähig sind, in der Nähe der Energievorkommen anzusiedeln. Dies ist aber, besonders in unseren Alpengegenden, nur in beschränktem Grade durchführbar, da auch die Transportwege für die übrigen Rohmaterialien und die Fertigerzeugnisse den Standort der Betriebe mitbestimmen, abgesehen davon, daß die Lage der meisten Verbrauchszentren teils aus der historischen Entwicklung heraus, teils geographisch bedingt als gegebene Tatsache angesehen werden müssen. Das Problem des Leistungsausgleiches innerhalb eines gewissen Gebietes kann also durch eine Standortverlagerung von metallurgischen oder elektrochemischen Betrieben nach den Wasserkräften hin allein nicht gelöst werden.

Auf der anderen Seite wird man aber auch bei Verwirklichung eines solchen Verbundbetriebes auf eine örtliche kalorische Zusatzstromerzeugung in einzelnen Verbrauchszentren nicht ganz verzichten. Hier würde der Einsatz von Fernheiz-

Kraftwerken, sowohl belastungsmäßig als auch brennstoffwirtschaftlich gesehen, eine sehr glück-

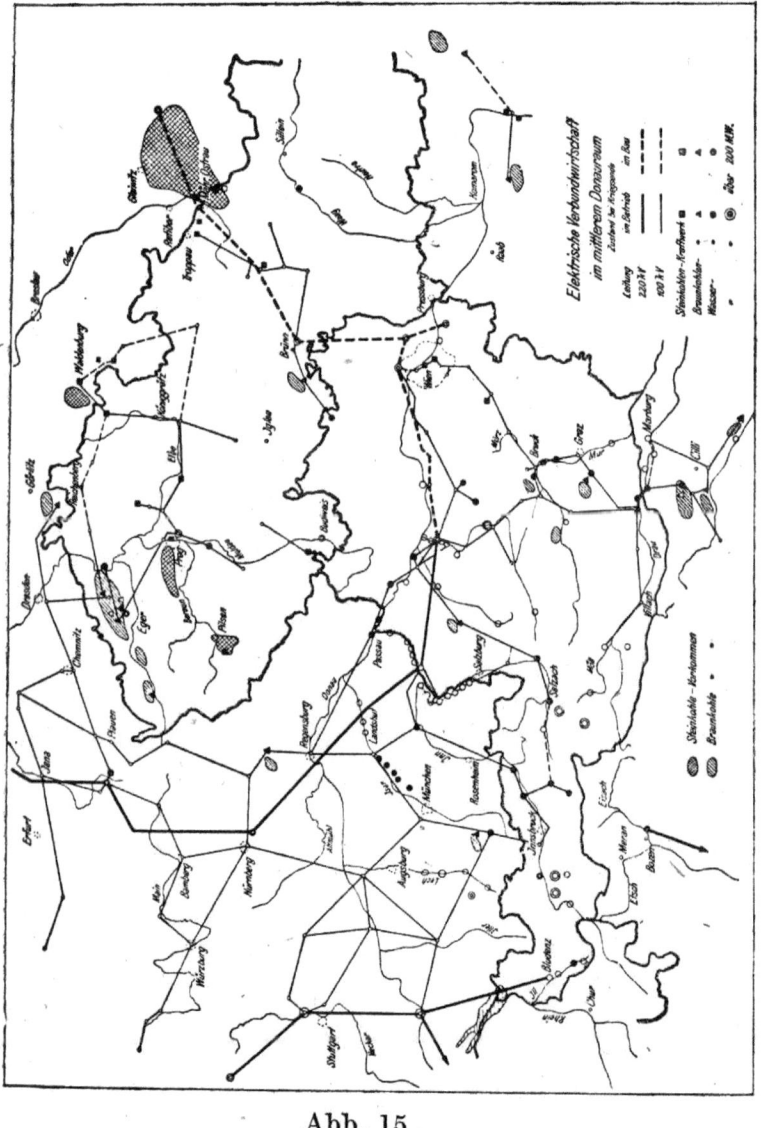

Abb. 15

liche Ergänzung darstellen. Die Erfahrungen und verschiedene eingehende Untersuchungen haben ge-

zeigt, daß sich gerade Heizkraftwerke als Zusatz-
werke in Netzen mit überwiegender Wasserkraftversorgung besonders eignen, da die in den Wintermonaten anfallende Gegendruckleistung hilft, die
Zeit des größten Leistungsbedarfes zu überbrücken.
Der Ersatz der bei uns überwiegenden, äußerst
unwirtschaftlich arbeitenden und unhygienischen
Ofenheizungen durch Umstellung von größeren
Siedlungen mit genügender Wärmeverbrauchsdichte
auf Fernheizung sollte jedenfalls in ein auf
weite Sicht aufgestelltes Programm eingeschlos-
sen werden.

Ende September vorigen Jahres wurde ein Be-
richt des Unterausschusses der Vereinten Nationen
für die verwüsteten Gebiete Europas veröffent-
licht, der sich mit dem europäischen Energie-
problem befaßt. Es wird dort darauf hingewiesen,
daß die geographische Verteilung der Wasserkräfte
eine gemeinsame Aktion von Ländergruppen sowohl
hinsichtlich der Erzeugung als auch der Verteilung
verlangt und die Pläne ausgearbeitet und die nöti-
gen Anleihen vorbereitet werden müßten. Wie in
den vorstehenden Ausführungen zu zeigen versucht
wurde, bietet gerade der mitteleuropäische Raum
mit Österreich und seinen Wasserkräften als Kern
und den in wirtschaftlich überbrückbaren Entfernungen liegenden Braunkohlen- und Steinkohlen-
vorkommen in den Nachbarländern günstige Voraussetzungen für eine Verbundwirtschaft, die sich
nicht nur auf die Elektrizitätsversorgung allein
beschränken sollte, sondern auch durch Einbe-
ziehung der Brennstoffe und der Gasversorgung
zu einer allgemeinen energiewirtschaftlichen Zu-
sammenarbeit führen könnte. Welche zukünftigen
Möglichkeiten z. B. die Gasturbine in Verbindung
mit der Druckvergasung der Kohle gerade für eine
Kupplung der Elektrizitäts- mit der Gasversorgung
durch die Schaffung von Energiewerken allgemein-

ster Form bietet, kann heute noch nicht abgesehen werden.

Der Aufbau einer solchen weiträumigen Verbundwirtschaft wird sicherlich nicht ein Schritt von heute oder morgen sein. Eine ganze Reihe von technischen, organisatorischen und finanziellen Fragen müßten geklärt werden, aber auch die notwendige gedankliche Umstellung in der Betrachtung solcher Probleme bedarf ihrer Zeit. Ihre Behandlung würde aber auch die Anregung zu einem gemeinsamen Wirtschaftsdenken geben, das befruchtend auf die gesamten Wirtschaftsbeziehungen wirken kann.

Es sind sicherlich große und interessante Aufgaben, die der Energieversorgung und ihren Fachleuten beim Wiederaufbau und einer Neuordnung unseres Kontinentes gestellt werden. Mögen sie zum Nutzen der Völker die richtigen Wege finden!

FSC www.fsc.org

MIX
Papier aus verantwortungsvollen Quellen
Paper from responsible sources
FSC® C105338

If you have any concerns about our products,
you can contact us on
ProductSafety@springernature.com

In case Publisher is established outside the EU,
the EU authorized representative is:
**Springer Nature Customer Service Center GmbH
Europaplatz 3, 69115 Heidelberg, Germany**

Printed by Libri Plureos GmbH
in Hamburg, Germany